I0402697

C urso de Gestión de in- cubadora de peces.

Autor: Carlos Hamilton

Experto en ACUACULTURA

Universidad de AUBURN, Al. U.S.A

Carlos Hamilton

Santo Domingo Este, REP. Dominicana

Contenido

Intr+oducción

Este curso lo he elaborado con el fin de dar a conocer a los interesados de qué manera se procede para la reproducción de peces. Además de explicarles de manera sencilla, cómo pueden lograr que con peces de talla adecuada produzcan estos seres vivos, al tener el debido cuidado, asepsia, equipos sencillos y espacio conveniente.

De esta forma, se obtienen crías de peces, tanto para la crianza como para desarrollarlos a tamaños; que pueden ser usados para consumo propio, como también comercializarlos en el mercado.

Hemos pensado, y con la experiencia de muchos años, en nuestro haber, que cada día hay mayor demanda por productos alimenticios como los peces; para que la gente se nutra de manera saludable.

Entonces, nos interesa que otros también aprendan estas habilidades, de manera gratuita. Esperamos les guste y estemos en contacto, si necesitan consultarnos.

GRACIAS

Lección #1

Que es una incubadora de peces

Es una instalación o estructura, preferiblemente techada. Puede ser pequeña como ser de tamaño mediano o grande. Eso dependerá de con que objetivo, se construya.

Debe estar ubicada en un terreno que no se inunde en tiempos de lluvia, que haya fácil acceso al lugar por caminos en buen estado, con facilidades para almacenar agua potable; además de contar con energía eléctrica y comunicación telefónica.

También debe tener compartimientos estancos para colocar y mantener a los reproductores de manera cuidadosa. El o los terrenos al utilizar, que estén debidamente protegidos y vigilados, de esta forma se puede evitar el hurto de las propiedades que allí se encuentren.

Es conveniente que haya medios para asegurar una o más fuentes de oxígeno; que es de vital importancia para su buena marcha.

Objetivos de la incubadora:

Maximizar la eficiencia de aquella, en términos de:

1. Conversión de alimento.
2. Rendimiento de peces por m^3 de espacio.
3. Costo mínimo por kilogramo de peces producido.
4. Máximo rendimiento de peces por hora-hombre/ año.

Requerimientos para operación incubadora

Entre los elementos que son fundamentales para la operación de una incubadora están:

El abasto de agua de buena calidad y en cantidad suficiente. Terrenos adecuados y libres de inundación para estanques y otras facilidades. Disponibilidad de infraestructuras públicas como buenos caminos, hospitales, centros educativos y otros.

El acceso a recursos públicos y otras comodidades. Transporte adecuado. Que esta esté cercana a los centros de distribución del área, como los mercados para venta de alimentos. Que los caminos sean transitables el año entero.

Disponibilidad de recursos financieros para:

- Salarios.
- Facilidad de operación.
- Mejoras.

Equipos y materiales necesarios para una efectiva producción de peces

Personal

a) Requerimientos a cumplir por un gerente de incubadora.

1. Ser persona con experiencia en el área, con integridad, que disfrute su trabajo.
2. Alguien apto para reclutar, entrenar y supervisar actividades; quien disfrute la producción de cultivos en medios acuáticos.
3. Que también esté entrenado y/o experimentado en la gestión de incubadora.
4. Que sea buena gente y cuidadoso con las facilidades que tenga la incubadora.

Facilidades físicas

1. Administración.
2. Oficina.
3. Almacén.
4. Reparación (equipamiento o herramientas).Los mejores cursos TODOS los 1510 cursos GRAT

Equipos requeridos para sostener y producir peces

Para fines de operar una incubadora de peces, la cual debe estar instalada en un área mínima de 50 a 100 m^2. Es conveniente que contenga cosas tales como:

1. Tanques de cemento, PVC, plástico, fibra de vidrio o de o-tros tipos de materiales.
2. Estanques pequeños (10-30 m^2) excavados en suelo preferi-blemente arcilloso.
3. Tubos de diferentes diámetros y longitudes, flexibles o rígi-dos, mangueras.
4. Aireadores, bombas de agua diversas dependiendo del uso que se le dará.
5. También herramientas variadas como seguetas, serruchos, taladros, martillos y otros.

6.

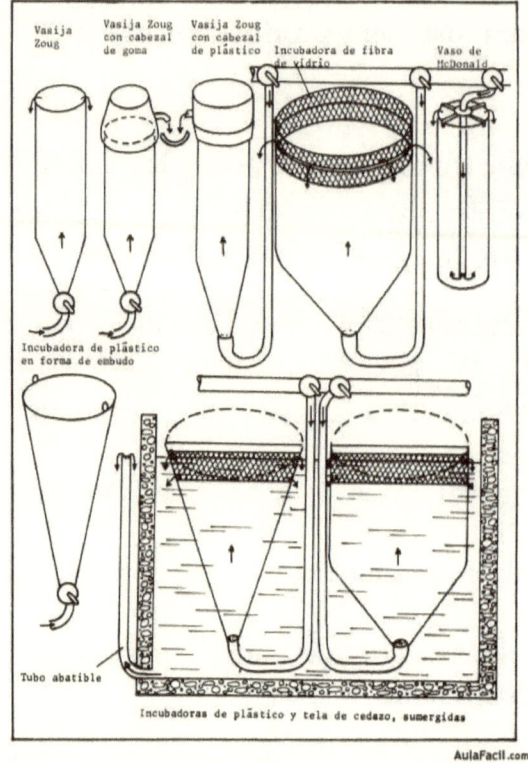

Equipos para la incubación de peces y otros

Lección #2

Características a tomar en cuenta para selección de peces reproductores

En el caso de las tilapias, debemos tener presente que:

1. La talla de los reproductores respecto a los machos debe ser entre los 100 y 300 gramos; como mucho. Las hembras tendrán un talla entre los 150 y 250 gramos.

2. Deben tener unas características externas, donde su color sea definido y brillante. Además que muestren estar en buen estado de salud, viendo su comportamiento, en el espacio donde estén confinados.

El poro genital debe estar desarrollado debidamente y tener una coloración rojiza; indicando tanto en la hembra como el macho que están maduros al frotarle la zona genital brotando el semen, y en la hembra sus ovarios que también al exprimir el abdomen se pueden ver los huevos.

En el caso de la carpa común, se tendrá presente que:

1. La talla de los reproductores debe estar comprendida tanto en machos como hembras entre 1 y 4 kilogramos de peso. De esta manera es más fácil poderlos manejar cuando hay que hacer desove, por inducción provocado, tomando en cuenta que demuestren estar aptos.
2. Están preparados para extraerlos del agua cuidadosamente, lo que podría llamarse el ordeño. Con una vasija, debidamente desinfectada, el semen y los huevos de las hembras son mezclados, lavados por algunos minutos y luego se ponen en jarras adecuadas con agua corriente. Así continua el proceso que da origen a la eclosión o rotura de la membrana donde se encuentra la larva, y en pocos días se convierte en alevín para precría.
3. En la carpa hembra generalmente el poro genital toma de un color rojizo, mientras que en el macho si se le frota el abdomen expulsa semen.

4.

5.

6.

7.

8.

9.

10.

11.

Carrying capacity o capacidad de carga

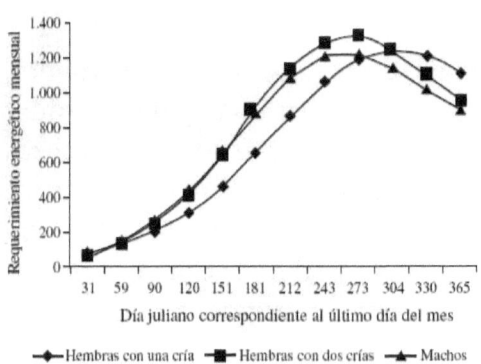

Gráfico de la capacidad de carga de seres vivos

Es la cantidad de organismos vivos, vegetales o animales, que pueden vivir en un área de un tamaño dado. Viviendo de forma natural y alimentándose los mismos de manera equilibrada. O sea, que la biodiversidad natural permita que haya recursos para todos de manera sostenible.

Ese número de organismos puede ser expresado en términos de unidad de medida como: peso en kilogramos/área de superficie, en m^2, hectárea, o m^3 en el caso de que el medio de desarrollo de aquellos organismos se produjera en el agua.

Existen también factores que limitan la capacidad de carga del área o áreas a las que nos referimos:

1. Como las enfermedades, calidad de agua, alimento y qué especies de organismos habitan en el sitio o ecosistema.
2. La tasa de siembra es la que determina, y por experiencia indica, la cantidad de organismos como los peces que pueden colocarse en un espacio disponible. Así podrán crecer sin que por competencia entre ellos puedan crecer unos más que otros; cuando se rompe el equilibrio natural.

Ejemplo: sembrar 100,000 alevines de tilapia o carpa común por cada 10,000 m^2/ de estanque o laguna artificial. En este caso, son 10 alevines que se siembra por cada m^2.

1. Después de la ovulación los huevos generalmente pueden ser fácilmente removidos con algo de fluido

a. Huevos sobre madurados y aguados.

b. Si están sobre hidratados, los huevos necesitan mucha presión para; ser removidos.

2. Se debe manejar con cuidado la hembra, para no perder huevos

a. Hay que coser el poro genital, dejándolo cerrado.

3. Probando la maduración - en la carpa herbívora se ven las contracciones, que indican que se aproxima el desove

a. De manera física.

1.1 Abdomen suave por la presencia de huevos.

b.- Examen de los huevos al microscopio. Una alternativa es que si el pez no está listo puedes aplicarle pequeñas dosis de hormona de 5 a 7 días, y así se le puede poner la dosis definitiva el último día.

c. El cortejo. El pez muestra por su comportamiento que está listo para desovar.

4. Procedimiento

a. Planificar y verificar todos los equipos que estén disponibles - eso es muy importante.

b. El pez debe ser anestesiado o sacrificado.

c. Se debe abrir el poro genital.

d. Secar con cuidado el pez usando una toalla o paño de buen tamaño, que esté limpio.

e. Suavemente empujar los huevos hacia afuera y depositarlos en una vasija adecuada que esté bien limpia.

5. Remoción de esperma

1. Colectar de 30-60 minutos antes de extraer los huevos a las hembras.

2. Se descartan las primeras gotas porque a menudo están contaminadas con orina.

3. Se debe usar un colector - podría ser una jeringuilla plástica que este esterilizada y seca, o tubo de ensayo y ponerlo en el refrigerador.

4. Usar semen de dos o más peces - para mantener la variabilidad genética.

5. Chequear la motilidad o viabilidad al microscopio.

6. Colectar huevos al mismo tiempo si hay disponibilidad de personal.

7. Algunas especies deben ser sacrificadas cuando no se le puede extraer el semen - eso ocurre con el bagre de canal.

6. Métodos de fertilización

1. El método seco.

a. Los huevos y esperma se mezclan primero antes de usar agua o le es añadida solución fertilizante.

2. Método húmedo.

a. Los huevos y el semen se agregan en una vasija conteniendo agua o solución fertilizante (100- 200 c.c.).

El agua usada en la incubadora debe ser de óptima calidad, debido a que se trabajará con organismos vivos que pueden morir con facilidad.

Aquella se prefiere que sea de **origen subterráneo**, porque normalmente es de muy buena calidad.

También está libre de contaminación. Puede usarse **agua de escorrentía**, de ríos, arroyos, lagunas o lagos, o de reservorio. Además puede ser de **canales de irrigación.**

Existe agua de otra procedencia que puede ser del **subsuelo**, como de **manantial o pozos artesianos**. En cuanto a la cantidad de agua a usar, se recomiendan de 40-50litros/segundo. El agua puede aprovecharse por gravedad. Es muy importante, usarla así ya que su costo es reducido.

La otra probabilidad es mantenerla **almacenada** en un reservorio, lo que permite mantener su calidad.

A. Elementos necesarios para el proceso de incubación

1. Incubadoras.
2. Reproductores.
3. Tanque o canaleta.
4. Flujo de agua moviendo los huevos.
5. Flujo de agua movido por aireador.
6. Tanque circular con flujo de agua.
7. Tanque con aireación.
8. Cono de incubación.
9. Hapa - es buena si no se tiene un sistema para recirculación de agua.

10. Jarras MacDonald, red o conos plásticos.

B. Factores que afectan la incubación

1. La especie a usar.
2. Tamaño de los huevos - eso es importante.
3. Temperatura (grados-días). Mientras más caliente sea la temperatura, más rápido será el proceso de incubación.
   1. Si está muy frío aumentan los problemas de enfermedades.
   2. Si está más caliente, la incubación será prematura - eso es muy malo debido a que el proceso es así de rápido.
4. Cambios diurnos.
5. Oxígeno - debe estar por encima de 5ppm.
6. Sedimentos - es muy importante evitar eso.
7. El flujo de agua - causa daño físico - no importa pero con carpa herbívora es dañino. Evitarlo directamente.
8. Otros factores de calidad de agua - la dureza muy alta no es buena.
9. Depredadores - se necesita un filtro cuando el agua es de escorrentía.

A. Ocurre la separación de la larva de la cápsula donde habitaba

1.- Control de tiempo - todas las larvas incuban al mismo tiempo - así se evita que el filtro deje de funcionar

a. Cuidar el stress por insuficiente Oxígeno

b. Proteasa - solución 1:10,000 - es muy importante aplicarla a los incubadores cuando el proceso se inicia, entonces mover el agua esperar y 10 minutos. Verás cómo se disuelve la membrana de los huevos, acelerando el proceso de incubación.

2.- Problemas con las membranas de los huevos

a. Se obstruyen los filtros.

b. Surgen las enfermedades.

c. Calidad de agua - usar más agua y Oxígeno extra.

3.- Naturaleza de la larva.

a. Son nadadoras activas y no activas.

B. Desarrollo larval

1.- En la incubación

a. No tienen boca.

b. Vejiga natatoria vacía - usted verá al microscopio cuando están listas para alimentarse.

c. El sistema digestivo no está aun completo.

d. Tamaño del núcleo - velocidad de desarrollo.

e. A menudo, sin pigmentación.

C. Cuidado de las larvas

1. Las facilidades

a. Acuarios.

b. Canaletas y tanques.

c. Hapas.

d. Incubadores grandes.

e. Estanques pequeños.

2. Ambiente

a. Rico en Oxígeno.

b. Ambiente limpio.

c. Libre de depredadores.

d. Temperatura estable.

El **desove natural** ocurre cuando, de manera normal, al llegar la temporada de reproducción en los peces que están maduros, tanto hembras como machos se buscan o acercan unos a los otros en el espacio en que se encuentran.

En la incubadora sucede lo mismo si ya los reproductores han sido seleccionados, y ocurrirá el proceso sin que sea inducido o estimulado.

El proceso de **fertilización** se origina cuando los reproductores de ambos sexos, por efecto del cortejo o juego natural de unos con los otros, logran excitarse; y en consecuencia, tanto unos como otros expulsan al medio en que se encuentran el material genético que dará por resultado el nacimiento de las larvas, la incubación de los huevos y por último la eclosión de los aptos.

La fertilización puede ser de tres **tipos**:

1. **Monogámica** que ocurre en peces como la tilapia o el bagre de canal, por medio de la interacción entre machos y hembras.
2. **Poligámica** que sucede en peces como las carpas y el salmón.
3. El otro proceso de fertilización es el llamado **interna-externa**, que solo sucede con los tiburones.

Desarrollo del huevo:

1. **Ovíparos** son los huevos que se incuban, fuera del cuerpo de la hembra en el caso de los peces.
2. **Ovovivíparos** son los huevos que se desarrollan e incuban en el interior de la hembra, en los mamíferos o justo después de ser extraidos.

Movimiento con fines de desove:

1. **Migratorio**, ocurre cuando los peces se desplazan a otros lugares diferentes a su ambiente normal.
2. **Anádromo**, es el caso en que los peces van del medio salado hacia el dulce; como ocurre con la lisa.
3. **Catádromo**, se origina cuando los peces se van del medio dulce hacia el salado, como pasa con las anguilas.
4. **No migratorio**, el desove se produce en el lugar donde los peces tienen su ambiente normal.

Estímulo ambiental:

1. La temperatura es importante en clima templado.
2. El fotoperíodo es importante en clima templado.
3. La calidad de agua.
4. La transparencia del agua.
5. El ciclo lunar y la salinidad.

Disponibilidad de sustrato:

1. Densidad de peces, este podría ser un factor que reprima o disminuya la reproducción.
2. Flujos de agua, por estos se puede aumentar o disminuir la reproducción inducida.
3. Velocidad del agua, a más cantidad se puede incrementar la productividad y puede mantener los huevos suspendidos en la columna de agua; evitando que se dañen.
4. Migración distante, ocurre cuando los peces se alejan de los lugares, donde comúnmente habitan.
5. Flujo refrescante (aguas confinadas o fluyendo).

Uso de sustrato:

1. Construcción de nido (peces monógamos), tilapia y salmón.
2. Depresión. Son cavidades naturales que existen en las riveras de ríos, lagos, y lagunas.
3. Material del fondo, hay especies que son dependientes de los sustratos que encuentran adecuados, arcilla, arena, grava, rocas.
4. Profundidad del agua.
5. Sustrato duro y limpio.

6. Cueva o túnel.
7. Natural o construida.
8. Problemas potenciales de acuicultura, excavación de diques buscando alimento.
9. Materia vegetal colectada.
10. Burbujas o espuma.

Sin usar nido o sustrato (polígamos):

1. Desovan en aguas abiertas como ríos, lagos o los océanos.
2. Huevos flotantes o semiflotantes.
3. Gran número de huevos producidos.
4. Larva de pequeño tamaño.
5. Peces marinos y migratorios.

Grado de cuidado de los padres:

1. Cuidado activo de los padres, ocurre con la tilapia.
2. Pequeño número de huevos, son adhesivos y construyen nidos.
3. Buena supervivencia de huevos y alevines.

Cuidado pasivo de los padres:

1. Construyen nidos.
2. No dan cuidado a huevos y larvas o es mínimo.
3. Gran número de huevos.

Sin cuidado de los padres:

1. No construyen nido, gran número de huevos.

2. Supervivencia de huevos y larvas baja, 60% de supervivencia en las carpas herbívoras.

Grado de desove:

1. Completo.
2. Parcial.

El papel de las hormonas y esteroides en la reproducción de peces.

A.- El hipotálamo- recibe estímulo ambiental

1.- Hormona que libera Gonadotropina (GnRH).

B.- Cerebro (Hipotálamo)

1.- La Gonadotropina libera el factor inhibidor (GRIF).

C.- Dopamina

1.1. Estrógenos (Gonadolesteroides).

1.2. Stress.

D.- Pituitaria

1.- Gonadotropinas.

E.- Estimula la producción de gonadolesteroides

1.- Adrenocorticotropina.

F.- Gónadas

1.- Ovario.

a.- Estrógenos- vitelo génesis.

b.- Progestágenos- ovocitos maduros.

c.- Prostaglandinas- ruptura del folículo y expulsión de los ovocitos.

2.- Testículos.

a.- Andrógenos.

G.- Riñón (Corteza Adrenal)

1.- Corticosteroides.

F.- Glándula tiroides

1.- Hormonas tiroides influenciadas por vitelo génesis.

A.- Control ambiental

1.- Temperatura - usar agua de pozo debido a su temperatura baja, evitando el desove.

a.- Aumentar la temperatura para inducir el desove.

b.- Mantener la temperatura fría para demorar el desove.

B.- Desove artificial o inducido

1.- Proveer estímulo y permitir el desove natural.

2.- Cambios ambientales.

a.- Calidad de agua, temperatura, densidad, substrato.

3.- Cambio hormonal.

4.- Lugar de desove - la hapa o mosquitero es un muy buen equipo para desove de peces.

a.- Estanques con agua sin movimiento.

b.- Pequeños estanques o lagunas y tanques con / o sin agua fluyendo.

c.- Acuarios o hapas con / o sin agua fluyendo.

5.- Ventajas.

a.- No es necesario calcular el tiempo exacto de ovulación.

b.- Manejo mínimo de los reproductores.

c.- Menos trabajo.

d.- Con los huevos se reduce el peligro de que estén excesivamente maduros.

6.- Desventajas.

a.- Se necesita un colector de huevos.

b.- Huevos colectados no están limpios.

c.- La estimación total de huevos incubados a menudo es más difícil.

d.- La hembra puede ser que no expulse todos sus huevos.

e.- La hembra quizás expulse los huevos en ausencia de, o antes de que los machos estén listos.

f.- Los machos pueden desovar antes de las hembras.

7.- Generalmente, de 2-3 machos son suficientes para cada hembra.

C.- Proveer estimulo por la atracción sexual

1.- Ventajas - mejor tasa de fertilización.

a.- Los huevos están limpios.

b.- Generalmente se logran más huevos por cada hembra.

c.- Es conveniente hacer cruce con reproductores de otro lugar.

d.- Es más fácil contar todos los huevos incubados.

2.- Desventajas.

a.- Huevos posiblemente sobre madurados.

b.- El trabajo es intensivo.

c.- Se pueden herir los reproductores en la manipulación.

d.- El manejo individual de los peces puede afectar el desarrollo de otro reproductor.

A.- Método de desove y crianza de alevines, dejar las larvas en el estanque pero ahí no hay control, no sabes lo que tienes. Eso es bueno para los pequeños productores.

1.- Ventajas

a. Se requiere pocos trabajadores.

b. Poco uso de tecnología - cosas simples.

c. Dar buen uso al espacio y al agua.

d. Depender de muchas especies.

e. No necesita preparar facilidades complejas.

2. Desventajas

a. Las posibilidades de error humano aumentan.

b. Dificultad para proveer organismos que alimenten a los alevines.

c. Requieren construcción de facilidades y equipos.

d. Se necesita alto nivel de conocimiento técnico.

e. El número de alevines es impredecible.

f. Los reproductores pueden alimentarse de los huevos y larvas.

g. Variación en el tamaño de los juveniles debido a desove de adultos sin control.

h. Servir las raciones de alimento de manera exacta.

B. Transferir huevos o larvas desde del estanque o incubador hacia el estanque de crianza - es el mejor método, ya que asegura mejor supervivencia.

1.- Ventajas

a. Producción de juveniles más predecible si la tasa de incubación y supervivencia de larvas hasta juveniles es conocida.

b. Permite un manejo más preciso del estanque, y así aumenta la supervivencia de larvas.

c. Previene la depredación causada por los adultos sobre los huevos.

d. Gran control de enfermedades.

2.- Desventajas

a. Dificultades en la transferencia de alevines de manera segura a nuevos estanques.

b. Dificultades con la provisión de alimento a los organismos vivos.

C.- Alimentación. La primera semana de vida es la más importante para asegurar el éxito de la producción de alevines.

1.- Alimentos naturales.

1.1. Zooplancton y fitoplancton.

1.2. Preparar estanque de producción - para alimentar por 48 horas (primera hora).

1.3. Preparar laboratorio - es importante o en estanque de concreto.

2.- Alimento artificial

a. Yema de huevo, levadura y leche de soja. Se hierve todo y se pasa por un tamiz de malla fina.

b. Dietas comerciales.

1.1 Menor o con igual sobrevivencia como el alimento natural.

1.2 Menor tasa de crecimiento.

3.- Artemia.

En peces silvestres se debe tomar en cuenta:

A.- Consideraciones generales

1.- De madera natural, los peces pueden regular por si mismos la producción de hormona durante la ovulación.

2.- En el desove inducido, los niveles de hormona aumentan artificialmente; para disparar el proceso de ovulación.

3.- Es el único método práctico para muchas especies.

4.- Tendrán que haber uno más peces maduros - solo así se pueden obtener o producir buenos huevos.

B.- Historia del desove inducido con Pituitaria

1.- Rudolph Von Ihering - 1934

a.- Brasil.

b.- Pituitaria usada fresca o secada de Prochilodus sp., para desove del mismo pez.

2.- Bradovskii - 1935

a.- Rusia.

b.- Esturión.

3.- China - 1955

a.- Carpas chinas.

C.- Pituitaria de pez (Gonadotropina)

1.- Consideraciones generales.

a.- Extracto (semi-purificado).

b.- Especie específica a nivel universal - la carpa común.

c.- Usar un pez maduro - tienes que buscarlo dos meses antes del comienzo de la época de desove.

d.- Problemas de disponibilidad.

e.- Variabilidad de la potencia de la hormona.

¿Qué se requiere:?

1.- Equipamiento

a.- Jeringuilla de 1-5 ml.

b.- Aguja de calibre 18-24/1-2" longitud o una micropipeta, si se puede encontrar.

c.- Anestesia.

1.1- Quinaldine (líquido) - si vas a inyectar sobre una mesa.

a.1- Asperjar sobre las branquias si no es soluble en agua, solo en acetona.

a.2- Poner en la boca del pez, una bola de algodón, una solución 1ppm - es más fácil controlar el pez - es importante marcar o etiquetar dicho animal; para evitar error al inyectarlos.

a.3- Agua filtrada 5-10 ml/litro.

1.2 Anestésico MS 222 en polvo.

a.1. Bola de algodón en la boca, solución 0.04.

a.2. Agua filtrada, 100 mg/litro.

1.3- Cuna o hapa para manipular pez.

2. Sitio de la inyección - podría ser en la hapa o en la mesa

a. Intramuscular - preferible en ambos lados.

B.-Intraperitoneal.

1.1 Base de las aletas pectoral o pélvica.

c. Retro flujo - evitar aplicar masaje.

3.- Tiempo de poner la inyección - mañana o tarde.

a.- Factores ambientales - temperatura del agua.

b.- Factores humanos - trabajadores disponibles.

c.- Biorritmo - es importante conocerlo.

4.- Frecuencia.

a. Especie dependiente.

b. Temperatura - menos temperatura, largo tiempo para la ovulación.

c. Maduración del pez.

5.- Ovulación y desove

1. Cortejo - déjelos juntos (machos y hembras) y observe su comportamiento.

a. Los machos y las hembras, después de dosis correspondiente se dejan juntos.

b. El macho nada tras la hembra.

c. Hay producción de sonido.

2. Relación grado- hora - ejemplo 260°C /25°C = 10.4 horas.

a. Tiempo entre ovulación e inyección definitiva afectada por la temperatura del agua.

b. Temperatura promedio del agua (°C) x horas entre la inyección definitiva y la ovulación = grados horas.

c. Dependientes de especie y tamaño.

1.1 Carpa común, se le ponen dos inyecciones a 21°-22°C =240°-260º-horas.

1.2 Carpas chinas, 2 inyecciones a 21°-22°C = 200º-220º-horas.

3. Factores que influyen en la ovulación.

a. La calidad de agua.

b. Temperatura.

c. Flujo del agua.

d. Manejo del stress - manejo suave para evitar el stress.

Bioseguridad

De acuerdo a nuestro conocimiento, para la compra y el transporte de reproductores

Hay que cumplir con normativas, que tienen que ver los aspectos siguientes:

1.- Que aquellos procedan de una institución preferentemente académica, reconocida.

2.- Que sean debidamente certificados.

3.- De talla, genotipo y fenotipo definidos.

4.- Además desinfecctados y vacunados

5.- Sometidos a cuarentena.

www.ingramcontent.com/pod-product-compliance
Lightning Source LLC
Chambersburg PA
CBHW030550220526
45463CB00007B/3048